# TOMATEN

# TOMATEN

ILLUSTRIERT VON
KAT MENSCHIK

GALIANI BERLIN

# ÜBER DAS BUCH

Tomaten anzubauen ist eine aufregende Sache. Alle Tomatenliebhaber wissen das.

Es beginnt mit der Aussaat. Im Winter werden alle ungeduldig und können es kaum erwarten, endlich in die neue Saison zu starten.

Ich beginne so: Am 8. März, dem Internationalen Frauentag, gönne ich mir die Freude, meine Tomaten zu säen. Das ist etwas zeitig, aber ich habe mir eine Pflanzenlampe gekauft, mit der ich 16-stündiges Sonnenlicht simuliere. Werden die Pflänzchen größer, pikiere ich sie und topfe sie in einzelne größere Töpfchen um.

Dann wird gehegt und gepflegt, aufs Wetter geachtet und gewartet. Nach den letzten Nachtfrösten dürfen die Pflänzchen dann endlich in die Beete und ins Gewächshaus. Sie müssen gut mit Dünger versorgt werden. Sie kennen natürlich meinen Trick aus dem „Goldenen Grubber", immer etwas toten Fisch unter die Tomatenwurzeln zu geben. Was das betrifft, bin ich abergläubisch und lasse ihn nie weg.

Dann gieße ich, geize aus, binde die Pflänzchen an und hoch und bestäube mittels eines Pinselchens sogar selbst, zumindest im Gewächshaus, dünge, mulche, all diese schönen Sachen eben.

Und dann warte ich. Warte. Warte.

Und freue mich über jedes grüne Minitomatchen, welches sich entwickelt. Und warte.

Im Sommer dann ist es endlich soweit. Die Tomaten werden reif, bekommen Farbe und Gewicht, fantastische Formen und Geschmack.

Am Ende dieser herrlichen Erntezeit befinde ich mich gerade. Ich wollte unbedingt viele Gläser Tomatensauce für den Winter einkochen und täglich Tomatensalat essen.

Meine eigene Ernte reichte für mein Vorhaben nicht aus. So kaufte ich bei befreundeten Biobauern kiloweise Tomaten dazu. Dabei hielt ich wunderschönste Exemplare in den Händen: sonnenwarm, schwer, zart unter ihrer empfindlichen Haut, in den verrücktesten Farben und Formen leuchtend, glänzend, glatt, matt oder sogar behaart, Minitomaten oder pfundsschwere Exemplare. Mir tat es bei jeder einzelnen leid, sie aufzuschneiden ...

Ich tat es natürlich doch und kam aber auf die Idee, sie vorher zu zeichnen. Ihnen jeweils ein Portrait zu widmen. Die Sache weitete sich aus. Ich fragte im gärtnernden Freundeskreis herum. Viele nannten mir ihre Lieblingssorten. Es wurden schließlich so viele Sorten, dass wir jetzt ein Buch daraus machen können.

Ein Tomatenbuch, welches die Vielfalt, die Pracht und die Schönheit feiert. Ich kenne kein anderes Gemüse, welches sich so unterschiedlich zeigt (es gibt über 3000 Tomatensorten). Und eigentlich kenne ich auch kein Gemüse, welches so viel besser schmeckt, wenn es aus dem Garten und nicht aus dem Supermarkt kommt ...

Es macht glücklich, ein buntes Erntekörbchen zusammenzustellen, die Tomaten sehen aus wie Schmuckstücke. Wirklich, ich übertreibe nicht. Deshalb ist dieses Buch auch ein Aufruf, Tomaten selbst zu ziehen, von kleinen Sorten für die Fensterbank, den Balkon, die Terrasse bis hin zu den großen Fleischtomaten für den Garten oder das Gewächshaus. Es macht Spaß. Und das soll dieses Buch auch.

Kat Menschik

# ADORA

DIESE SORTE IST EINE VARIETÄT DER MARMANDE, DIE WEITER HINTEN IN DIESEM BUCH GEZEIGT WIRD. SIE BESITZT DIESE ATTRAKTIVE OLIVGRÜN-BRAUNE FARBE UND SCHMECKT SEHR AUSBALANCIERT SÜSS-SÄUERLICH.

# AMBER KEYES

EINE SEHR HÜBSCHE BUSCHTOMATE MIT OLIVGRÜNEN BIS BERNSTEINFARBENEN, FAST DURCHSICHTIG WIRKENDEN FRÜCHTEN. SIE WACHSEN SEHR GUT IM FREILAND UND EIGNEN SICH HERVORRAGEND FÜR SALATE ODER ZUM NASCHEN.

# ANANAS

DIE ANANASTOMATE IST EIN KLASSIKER UNTER DEN FLEISCHTOMATEN. SIE IST EINE ALTE SORTE UND DAHER SAMENFEST. DAS BEDEUTET, MAN KANN DIE SAMEN EINER FRUCHT SAMMELN UND IM NÄCHSTEN JAHR ERNEUT MIT DEN GLEICHEN EIGENSCHAFTEN ZIEHEN.

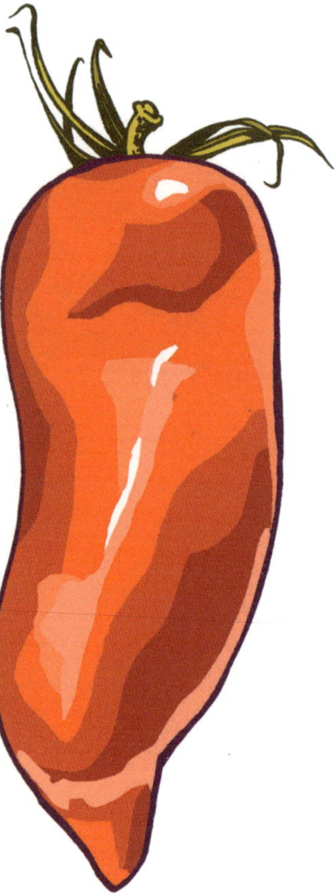

# ANDENHORN

SIE IST EINE UR-TOMATENSORTE AUS PERU, EINE FLASCHENTOMATE UND WELTBERÜHMT FÜR IHR KRÄFTIGES WACHSTUM UND IHREN AROMATISCHEN GESCHMACK. SIE EIGNET SICH HERVORRAGEND ZUR HERSTELLUNG VON BRUSCHETTA.

# ARTISAN BLUSH TIGER

IMMER MEHR MENSCHEN BAUEN IHRE EIGENEN TOMATEN AN, OB IM GARTEN, AUF DEM BALKON ODER AUF DEM FENSTERBRETT. DIE ARTISAN EIGNET SICH FÜR DEN ANBAU IM FREIEN, ABER AUCH IM KÜBEL. EIGENE TOMATEN BRINGEN FREUDE UND SCHMECKEN AM BESTEN!

# ARTISAN SUNRISE BUMBLEBEE

HIER SIEHT MAN, WIE UNTERSCHIEDLICH VERSCHIEDENE SORTEN DERSELBEN ART AUSSEHEN KÖNNEN. ALLEN TOMATEN IST GEMEIN, DAS SIE KEIN WASSER VON OBEN MÖGEN. SIE HABEN AM LIEBSTEN EIN DAC ÜBER DEM KOPF UND WERDEN MÖGLICHST VON UNTEN GEGOSSEN.

# AUNT RUBY'S GERMAN GREEN

DREI DÖRFER WEITER BAUT EINE FREUNDIN DIESE SORTE AN. SIE BESCHREIBT SIE SO: GRÜNE, SAFTIGE FLEISCHTOMATE. LEICHTE SÄURE MIT ETWAS CURCUMINAROMA, DAS SICH BEIM BRATEN ENTFALTET. SEHR GROSSE FRÜCHTE. SEHR ERTRAGREICH.

# AURIGA

DIESE ORANGEFARBENE TOMATE IST EINE SELTENE DEUTSCHE SORTE. SIE WURDE IN QUEDLINBURG, IN DER EHEMALIGEN DDR, GEZÜCHTET. SIE KAM ERSTMALS 1980 IN DEN HANDEL. SEITDEM IST SIE EINE ALLSEITS BELIEBTE FREILANDTOMATE.

# BERNER ROSE

DIESE SORTE BILDET EIGENTLICH EHER RUNDE, GROSSE FRÜCHTE.
ABER SO WUNDERSCHÖN KANN ES AUSSEHEN, WENN SICH
EINE KÖNIGSBLÜTE WILD UND FREI ENTWICKELN DARF.
DIE BERNER ROSE IST EINE DER KÖSTLICHSTEN TOMATEN.

# BERRY'S CRAZY CHERRY

EINE VERRÜCKTE KLEINE TOMATENSORTE, DEREN PFLANZE RIESIGE, FÄCHERARTIGE FRUCHTSTÄNDE MIT JE BIS ZU 60 TOMATEN BILDET. IHR GESCHMACK IST FRUCHTIG UND SÜSS, EINE WUNDERBARE NASCHTOMATE UND ABSOLUT UNKOMPLIZIERT IN DER HALTUNG.

# BESSER

IESE SORTE MACHT IHREM NAMEN ALLE EHRE. ERSTENS METERT SIE WIRKLICH, ES WÄCHST EINE RISPE NACH DER ANDEREN, ZWEITENS CHMECKEN DIE RUNDEN TOMATEN SEHR AROMATISCH, UND DRITTENS EKOMMT MAN ALLEIN BEIM AUSSPRECHEN DES NAMENS GUTE LAUNE.

# BLACK CHERRY

EINE BELIEBTE KIRSCHTOMATE, SIE BILDET LANGE RISPEN, IST SEHR ERTRAGREICH UND BESITZT EIN UNGEWÖHNLICH INTENSIVES AROMA. DAS DUNKLE FRUCHTFLEISCH SCHIMMERT HÜBSCH DURCH DIE FEINE, FAST DURCHSICHTIGE SCHALE.

# BLACK KRIM

EINE DUNKLE FLEISCHTOMATE AUS DER UKRAINE. BESONDERS BEI FLEISCHTOMATEN SOLLTE MAN AUF REGELMÄSSIGES AUSGEIZEN, DAS ABKNIPSEN VON UNNÜTZEN SEITENTRIEBEN, ACHTEN, UM DIE KRAFT DER PFLANZE KONZENTRIERT IN DIE FRÜCHTE ZU LEITEN.

# BLACK PLUM

SIE IST EINE SCHÖNE SALATTOMATE, IHRE FRÜCHTE WERDEN CA. 5 CM GROSS UND SIE IST MITTLERWEILE EIN KLASSIKER IN DEN GÄRTEN DER TOMATENLIEBHABER. SIE STAMMT URSPRÜNGLICH AUS RUSSLAND.

# BLAUE ANANAS

EINE DER KÖSTLICHSTEN SORTEN DER SAISON (JEDES JAHR HABEN WIR MERKÜRDIGERWEISE ANDERE LIEBLINGE). SIE ÜBERRASCHT MIT IHRER SOMMERLICHEN FRUCHTIGKEIT UND FRISCHE. HERVORRAGEND FÜR SALAT GEEIGNET.

# BLAUE BIRNE

DIE BLAUEN SORTEN NENNT MAN AUCH „STERNCHENTOMATEN". DER BEGRIFF KOMMT DAHER, DASS SICH UNTER DEN STERNCHENFÖRMIGEN BLÄTTERN AM STIELANSATZ DIE EIGENTLICHE GRUNDFARBE VERSTECKT.

# BRANDYWINE APRICOT

WIE AUS ALLEN FLEISCHTOMATEN LÄSST SICH DARAUS HERRLICHE TOMATENSAUCE FÜR DEN WINTER EINKOCHEN. ENTWEDER GLEICH GEWÜRZT MIT ZWIEBELN, KNOBLAUCH UND BASILIKUM ODER PUR: KOCHEN, PÜRIEREN, IN SAUBERE SCHRAUBGLÄSER FÜLLEN, FERTIG.

# BULGARISCHE FLEISCHTOMATE

IN DIESEM BUCH FEIERE ICH DIE FANTASTISCHE UND BEINAHE UNGLAUBLICHE FARB-UND FORMENVIELFALT.
DIESE GROSSE FLEISCHTOMATE IST SO WUNDERSCHÖN, WEIL SIE EINE KNALLROTE, PERFEKTE KUGEL IST. PUNKT.

# CAMPARI

DAS IST EINE RICHTIG TOLLE GARTENTOMATE. MITTELGROSS, LEICHTE SÄURE, SEHR AROMATISCH. DIE LIEBLINGSTOMATE MEINER FREUNDE AUS DEM NORDEN MIT IHRER BIOGÄRTNEREI. AN IHREM MARKTSTAND IST DIE CAMPARI DER KASSENSCHLAGER UNTER DEN TOMATEN.

# COPPER RIVER

DAS SCHÖNSTE AN DIESER TOMATE IST DAS INNERE DER FRUCHT, WELCHES ICH WEGEN MEINES BUCHKONZEPTES DER GANZEN FRÜCHTE LEIDER NICHT ZEIGEN KANN. SCHNEIDET MAN DIE TOMATE AUF, ERSTRAHLT EIN FARBENSPIEL IN GRÜN-, GELB- UND ROTTÖNEN.

# DATTELWEIN

DIE DATTELWEIN BILDET RIESIGE BUSCHIGE TRAUBEN AN EINER EINZIGEN RISPE. DIE TOMATEN HABEN DIESE LUSTIGE FLASCHENFORM UND SCHMECKEN SÜSS UND WÜRZIG. SIE IST EINE ALTE DEUTSCHE SORTE, SAMENFEST UND EIN MASSENTRÄGER.

# DE BERAO

DIESE SORTE EIGNET SICH HERVORRAGEND ALS SAUCENTOMATE. SIE ERREICHT EINE WUCHSHÖHE VON BIS ZU VIER METERN UND IST EINE SOGENANNTE BAUMTOMATE. STELLEN SIE SICH EIN DACH AUS TOMATENPFLANZEN VOR, WAS FÜR EIN TRAUM!

# FEUERWERK

EIN WAHRES FARBSPEKTAKEL BIETET DIESE ALTE SORTE. IHREN URSPRUNG HAT SIE IN RUSSLAND UND IHRE FRÜCHTE KÖNNEN IN ALLEN MÖGLICHEN BUNTTÖNEN GESTREIFT, GEPUNKTET, GEMUSTERT SEIN. EINE PRACHT!

# GARGAMEL

DARF ICH VORSTELLEN? MEIN ABSOLUTER TOMATENLIEBLING. SCHAUEN SIE SICH DIESE FANTASTISCHE, BUNTE ZEICHNUNG AN. SIE VERÄNDERT IHRE FARBE WÄHREND DES REIFEPROZESSES VON FAST SCHWARZ IN ALLE MÖGLICHEN BUNTTÖNE. UNFASSBAR.

# GELBE JOHANNISBEERE, URTOMATE

MAN SAGT, DIESE SORTE SEI DIE WILDFORM DER HEUTE KULTIVIERTEN TOMATENSORTEN, DIE URFORM. TOMATEN STAMMEN URSPRÜNGLICH AUS MITTELAMERIKA. IM 16. JAHRHUNDERT GELANGTEN DIE ERSTEN PFLANZEN NACH EUROPA.

# GREEN MOLDOVAN

SIE SCHMECKT VIEL TOMATIGER ALS MANCHE ROTE SORTE. WENN DIE FRÜCHTE AUFPLATZEN, VERHEILT DIESE STELLE GUT UND BILDET EINE NARBE, SIE SIEHT DANN WIE EIN REISSVERSCHLUSS AUS. IN DER FACHSPRACHE NENNT SICH DAS „ZIPPERING".

# GREEN ZEBRA

DIESE HÜBSCHE GELB-GRÜN GESTREIFTE SALATTOMATE ERFREUT SICH IMMER GRÖSSERER BELIEBTHEIT. DAS IST AUCH RICHTIG SO, DENN SIE VERSCHÖNERT JEDES ERNTEKÖRBCHEN MIT IHRER AUFFÄLLIGEN MUSTERUNG UND FARBE.

# HURMA

EINE FREUNDIN BESCHREIBT SIE SO: HURMA BEDEUTET AUCH KAKI
EINE RUSSISCHE BUSCHTOMATE, DIE WUNDERBAR SÜSS UND
WÜRZIG SCHMECKT. WENN SIE SO RICHTIG SONNENVERWÖHNT IST,
KÖNNTE MAN MEINEN, SIE WÄRE EINE APRIKOSE.

# INDIGO ROSE

NTER DEN BLAUSCHWARZEN SORTEN IST SIE EINE DER BELIEBTESTEN UND SCHMACKHAFTESTEN. SIE GLÄNZT TIEFSCHWARZ, DAS SIEHT IRRE DEKORATIV AUS. REIFT DIE INDIGO ROSE, FÄRBT SIE SICH AN STELLEN OHNE DIREKTE SONNENEINSTRAHLUNG DUNKELROT.

# INDISCHE

EINE FLEISCHTOMATE. UND EINE SCHÖNHEIT, WIE MAN SIE NICHT WUNDERVOLLER ERFINDEN KÖNNTE. MIR TUT ES OFT SOGAR LEID, DIESE GANZ BESONDEREN TOMATEN AUFZUSCHNEIDEN. ABER MAN KANN SIE JA VORHER AUSGIEBIG BESTAUNEN.

# JAPANESE BLACK TRIFELE

MAN GLAUBT ES JA KAUM, ABER AUCH DIESE IST EINE TOMATE RUSSISCHEN URSPRUNGS. SIE REIFT ZU WUNDERSCHÖNEN DUNKELROTEN, BIRNENFÖRMIGEN FRÜCHTEN HERAN. DIE PFLANZE VETRÄGT NIEDRIGE TEMPERATUREN UND SOGAR REGEN.

# KAUKASISCHE LIANE

GENAU DIESE FLASCHENTOMATEN WURDEN UNS WÄHREND UNSERER WANDERREISEN DURCH DEN GROSSEN KAUKASUS GEREICHT ODER INS PROVIANTTÜTCHEN FÜR UNTERWEGS GEPACKT. SALZ DRAUF, DIE BERGE IM BLICK, BESSER KÖNNEN TOMATEN NICHT SCHMECKEN.

# KLEINE KRUNKELIGE

MANCHMAL SAMMELT MAN SAATGUT FÜR DAS NÄCHSTE JAHR UND VERSÄUMT ES, DEN SORTENNAMEN ZU NOTIEREN. SPÄTER GIBT MAN DIESEN TOMATEN NEUE NAMEN, WIE ETWA „TOMATE OHNE NAMEN" ODER EBEN DIE „KLEINE KRUNKELIGE". KENNEN SIE DAS AUCH?

# KÖNIG HUMBERT

SIE IST EINE SEHR ALTE TOMATENSORTE. DIE KÖNIG HUMBERT WIRD SEIT DEM 19. JAHRHUNDERT ANGEBAUT. UND WIE MAN SIEHT, IST SIE WAHNSINNIG FORMSCHÖN. UND ZUVERLÄSSIG. DES WEITEREN PFLEGELEICHT UND ÄUSSERST ERTRAGREICH.

# LUKESER KÖRBCHEN

DIESE TOMATE WURDE VON MÖNCHEN IN EINEM KLOSTER IN DER NÄHE VON LUKESA GEZÜCHTET, GELANGTE AUF VERSCHLUNGENEN PFADEN INS ODERBRUCH UND WIRD DORT SEIT JAHREN VON FREUNDEN UND FREUNDESFREUNDEN WEITER KULTIVIERT.

# MARIANNA'S PEACE

EINE FLEISCHTOMATE, DIE URSPRÜNGLICH AUS BÖHMEN STAMMT. DIE NAMENSGEBERIN BRACHTE DAS SAATGUT MIT NACH AMERIKA, ALS SIE WÄHREND DES ZWEITEN WELTKRIEGES AUS BÖHMEN FLIEHEN MUSSTE. IN AMERIKA BAUTE SIE DIE TOMATE ERNEUT AN.

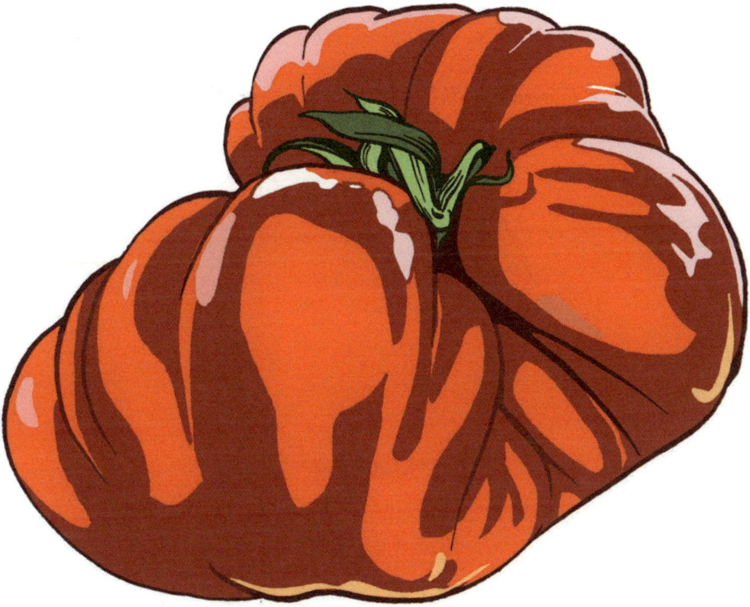

# MARMANDE

DIE SAMEN DIESER SORTE HABE ICH MIR VOR KNAPP ZEHN JAHREN AUS SIZILIEN MITGEBRACHT. DAS TÜTCHEN LAG VERGESSEN UND VERGILBT HERUM, BIS ICH ES IM FRÜHJAHR WIEDERFAND. ERSTAUNLICH UND SEHR TOLL, WIE LANGE TOMATENSAMEN KEIMFÄHIG BLEIBEN.

# MONEYMAKER

DIE MONEYMAKER MUSS ICH WEGEN IHRES WITZIGEN NAMENS IN MEIN BUCH AUFNEHMEN. ICH GEHE DAVON AUS, DASS DIESE SORTE UNFASSBAR ERTRAGREICH IST, ÜBERAUS KÖSTLICH, UNBESCHREIBLICH ATTRAKTIV UND MIT GELD KAUM ZU BEZAHLEN?

# NONNA ANTONIA

DIE SAMEN DIESER FLACHRUNDEN FLEISCHTOMATE STAMMEN AUS DEM PIEMONT UND WERDEN NUR UNTER LIEBHABERN GETAUSCHT ODER VERSCHENKT, DA SIE AUF WUNSCH DER FAMILIE, DIE SIE GEZÜCHTET HAT, NICHT VERKAUFT WERDEN DÜRFEN.

# OCHSENHERZ

GROSSE FLEISCHTOMATE, EIN KLASSIKER, FAND MAN FRÜHER WAHRSCHEINLICH BEI JEDER OMI IM GARTEN.
HÄLT MAN SIE IN DEN HÄNDEN, WIEGT SIE SCHWER WIE EIN HERZ, WELCHES GLEICH ZU PULSIEREN BEGINNT.

# ORANGE QUEEN

EINE SEHR AROMATISCHE, SAFTIGE FLEISCHTOMATE MIT WENIGEN KERNEN UND DÜNNER, WEICHER HAUT. DIE FRÜCHTE WERDEN CA. 10 CM GROSS UND REIFEN IN GUTEN TOMATENJAHREN FRÜH. DIE PFLANZE STEHT GERN IM GEWÄCHSHAUS.

# ORANGE RUSSIAN

SIE IST EINE DER ALLERSCHÖNSTEN OCHSENHERZTOMATEN, STAMMT AUS KALIFORNIEN UND IST WUNDERVOLL GOLDGELB-ORANGE-PINK MARMORIERT. SELBST AUFGESCHNITTEN IST SIE EINE SCHÖNHEIT. (ABER WER MÖCHTE SIE SCHON AUFSCHNEIDEN?)

# OZARK SUNSET

DAS IST EINE GANZ BESONDERS SPEKTAKULÄRE SORTE. IHRE ARBEN CHANGIEREN ZWISCHEN BEINAHE NEONPINK, LILA UND ROT. AN EINER PFLANZE KANN SIE DIE UNTERSCHIEDLICHSTEN FORMEN HERVORBRINGEN: HERZFÖRMIGE, FLACHRUNDE, GERIPPTE.

# PERNAU ORANGE

DIESE TOMATE WIRKT FAST EIN WENIG LANGWEILIG, WEIL SIE IMMER DIESE PERFEKTEN, RUND-ORANGEN FRÜCHTE BILDET. GESCHMACKLICH FÄLLT SIE AUS DER ROLLE. JEDEM FÄLLT DAZU ETWAS ANDERES EIN, SIE SCHMECKT JEDENFALLS NICHT TYPISCH „TOMATIG".

# PERZEVIDNIJ

DER NAME KOMMT AUS DEM RUSSISCHEN UND BEDEUTET „DIE PAPRIKAFÖRMIGE“. EIGENTLICH HAT SIE UNTEN EINE KLEINE, EBEN PAPRIKAFÖRMIGE SPITZE. DIESES EXEMPLAR JEDOCH NICHT. SO UNTERSCHIEDLICH KÖNNEN DIE FORMEN AUSGEPRÄGT SEIN.

# PETIT CHOCOLAT

EINE WIRKLICH NIEDLICHE DUNKELROTE BIS BRAUNE MINI-FLEISCHTOMATE, EIN ABSOLUTER HINGUCKER. DIE PFLANZE IST STARKWÜCHSIG. EINE FREUNDIN AUS DER EIFEL BEZEICHNET SIE LIEBEVOLL ALS IHR GEWÄCHSHAUSMONSTER.

# PFIRSICHTOMATE

MAN NENNT SIE AUCH HERZIG „KUSCHELTOMATE".
EINE SORTE MIT EINEM FEINEN FLAUM AUF DER SCHALE, ALSO
EINE BEHAARTE TOMATE, DIE AN PFIRSICHE ERINNERT.
SEHR UNGEWÖHNLICH! ABER LUSTIG.

# PURPLE CALABASH

DIESE SORTE SOLL AUS INDIEN STAMMEN UND SCHON IM 16. JAHRHUNDERT BESCHRIEBEN WORDEN SEIN. IHRE FRÜCHTE WERDEN CA. 200 GRAMM SCHWER. ES EMPFIEHLT SICH GRUNDSÄTZLICH, GROSSE TOMATEN ANZUBINDEN ODER ZU STÜTZEN.

# REBEL STARFIGHTER PRIME

UNREIF IST SIE GRÜN MIT VIOLETT-SCHWARZEN STREIFEN, WIE EIN SCHWARZES GEWITTER. WENN SIE REIF WIRD, VERFÄRBT SICH DIE FRUCHT ROSAROT, HAT KLEINE WEISSE PÜNKTCHEN, AN DER SONNENSEITE SCHWARZ, SIEHT AUS WIE DIE MILCHSTRASSE.

# REBELLA

DIE LIEBLINGSSORTE MEINER FREUNDE AUS DEM ODERBRUCH. SIE HABEN ES GESCHAFFT, DIE SORTE IM LAUF DER JAHRE IMMER GRÖSSER ZU ZÜCHTEN, INDEM SIE NUR DIE SAMEN DER GRÖSSTEN FRÜCHTE GESAMMELT UND NEU GESÄT HABEN. FANTASTISCH!

# REISETOMATE

SIE HAT WOHL EINE DER BIZARRSTEN FRUCHTFORMEN. DIE VIELEN KLEINEN FRUCHTKAMMERN LASSEN SICH EINZELN UND OHNE ZU KLECKERN ABTRENNEN, WAS SIE ZU EINER PERFEKTEN PROVIANTTOMATE MACHT.

# ROSA OMA

DIESE SORTE HABE ICH MIR WEGEN IHRES ENTZÜCKENDEN NAMENS BESORGT. VON DER PFLANZE DER ROSA OMA KONNTE ICH DIE ALLERERSTE TOMATE DER SAISON ERNTEN. SIE SCHMECKT WARM UND IRGENDWIE GEMÜTLICH, PASSEND ZUM NAMEN.

# RUTHJE

EINE KLEINE SALATTOMATE MIT EINER HÜBSCHEN SPITZE, WELCHE MAL MEHR, MAL WENIGER AUSGEBILDET IST.
MAN KANN SIE SICH ZURECHTZÜCHTEN, INDEM MAN NUR DIE SAMEN DER SCHÖNSTEN EXEMPLARE SAMMELT UND VERMEHRT.

# SAN MARZANO

DIE SAMEN DER SAN MARZANO KAUFTE ICH EINST AUF EINEM MARKTPLATZ IN PALERMO. ICH SCHENKTE DAS SAATGUT EINER FREUNDIN, DIE DARAUS WUNDERSCHÖNE PFLANZEN ZOG, VON DENEN ICH JETZT WIEDER FRISCHES SAATGUT BEKOMME ...

# SASHA ALTAI

MEINE TOCHTER HEISST SASCHA. MEIN FREUND HEISST SASCHA. ES IST SELBSTVERSTÄNDLICH, DASS ICH HOCHERFREUT BIN, DASS ES EINE TOMATE NAMENS SASHA GIBT. ANDERENFALLS HÄTTE ICH SIE MIR ZÜCHTEN MÜSSEN …

# SAUCY MARY DWARF

WIEDER EINE HERRLICHE GRÜNE SORTE!
SIE SCHMECKT WÜRZIG, SÜSS MIT SCHÖNER SÄURE.
DIESE BUSCHTOMATE WIRD IM NÄCHSTEN JAHR
AUCH BEI MIR EINZIEHEN ...

# SCHLESISCHE HIMBEERE

EINE ROSAROTE SORTE MIT ZART SCHMELZENDEM FRUCHTFLEISCH UND WEICHER HAUT. KLINGT DAS NICHT WUNDERSCHÖN SINNLICH? ERTRAGREICH UND KÖSTLICH IST SIE AUCH NOCH. WAS WILL MAN MEHR?

# SCHÖNE ROTE

MEINE VERMUTUNG IST, DASS SICH HIER WIEDER EIN ERFUNDENER NAME HINEINGESCHMUGGELT HAT. KENNT JEMAND DIESE SORTE? DIE TOMATEN SIND UNGEFÄHR 4 CM GROSS UND TARNEN SICH EIN WENIG ALS ... NUN JA, TOMATEN. SCHMECKEN HERRLICH IM SALAT.

# SEMINIS

EINE MINICOCKTAILTOMATE, SEHR SÜSS, DIE SICH WIE VON ALLEIN VON DER PFLANZE WEGNASCHT. WÄHREND ICH GROSSE TOMATEN ÜBER WOCHEN HINWEG HEGE UND PFLEGE, BETRACHTE ICH DIE SEMINIS ALS PAUSENSNACK WÄHREND DER ARBEIT IM BEET.

# STRIPED ROMAN

IN DIESE SORTE HABE ICH MICH WÄHREND DER ARBEIT AN DIESEM BUCH SCHOCKVERLIEBT. ACH WAS, ES GIBT EINIGE TOMATEN, VON DENEN ICH MIR SAATGUT BESORGEN MUSS. MANCHMAL KANN MAN EINFACH MIT FREUNDEN SAATGUT TAUSCHEN.

# SWEET CARNEROS PINK

DIESE TOMATE SCHMÜCKT SICH ALLEN ERNSTES MIT GOLDENEN STREIFEN! IST ES ZU GLAUBEN? DIE MÖCHTE ICH AM LIEBSTEN ALS KETTE TRAGEN. DAS WÄRE DANN SOGENANNTER STATEMENTSCHMUCK. ICH SAGE JA IMMER: MEHR IST MEHR!

# TEARDROP

EINE KLEINE MELANCHOLISCHE KIRSCHTOMATE, DIE TROPFENARTIG AN LANGEN RISPEN WÄCHST, WIE EINE PERLENSCHNUR AUS ROTEN TRÄNEN. WEIL SIE IMMER ALS ERSTE REIFT, WIRD SIE VON DER FAMILIE EINER FREUNDIN HEISS UND INNIG GELIEBT.

# TÈTON DE VENUS

ZWEIFELLOS EINE DER ALLERSCHÖNSTEN HIER GEZEIGTEN TOMATENSORTEN. WER VERSCHENKT ROSEN? SCHENKT KÖRBE VOLLER HERZEN! DAS IST LIEBE!

# TIFLIS ROSA

ODER ROSA TBILISI, WIE ICH SIE NENNE, BRINGT GERN ZWEI PFUND AUF DIE WAAGE. MEINE LIEBLINGSTOMATE, WEIL SIE GUT SCHMECKT MEINE LIEBLINGSFARBE IM NAMEN UND AUF DER HAUT TRÄGT UND DAZU DEN NAMEN DER STADT, DIE ICH SO SEHR LIEBE.

# TIGERELLA

DIESE ALTE SORTE IST ROT-GELB GESTREIFT, SCHMECKT INTENSIV FRUCHTIG UND IST BESTENS FÜR TOMATENSTULLEN ODER ÄHNLICHEN ROHVERZEHR GEEIGNET. FINDEN SIE NICHT AUCH, DASS WIR DIE UNTERSCHIEDLICHSTEN SORTEN ANBAUEN SOLLTEN?

# TSCHERNIJ PRINZ

DIE GESAMTE TOMATENZUCHT MEINER FREUNDIN AUS DER PFALZ GING IN EINEM REGENSOMMER VERLOREN. DIE AUS SIBIRIEN STAMMENDE FLEISCHTOMATE IST IHRE LIEBLINGSSORTE. IST DIE ZEICHNUNG VIELLEICHT EIN KLEINER TROST?

# WHITE WONDER

DIESE AUSSERGEWÖHNLICHE SORTE WIRKT SEHR ELEGANT. SIE BRINGT BIS ZU EINEM KILO SCHWERE FRÜCHTE AUF DIE WAAGE. SIE ENTWICKELT EINE WUNDERBARE SÜSSE UND EIGNET SICH FÜR SAUCEN, ABER AUCH SALATE.

# YELLOW RUFFLED

DAS WIRKLICH BESONDERE AN DIESER SORTE IST, DASS SIE INNEN HOHL IST. DAHER EIGNEN SICH DIESE TOMATEN SEHR GUT ZUM BEFÜLLEN. AUSSERDEM FALTEN SICH DIE FRÜCHTE EXTREM DEKORATIV IN ALLE RICHTUNGEN.

# ZAHNRADTOMATE

HIER SEHEN WIR NOCH EINMAL EIN BEISPIEL DES SAGENHAFTEN FORMENREICHTUMS UND DER PERFEKTION, DIE DIE NATUR HERVORBRINGEN KANN. LASST UNS DIE ARTENVIELFALT BEWAHREN! SÄT ALTE SORTEN, PFLANZT TOMATEN, BLEIBT ABWECHLUNGSREICH!

# DANKESCHÖN

meinen Freundinnen, die mir geholfen haben, all die schönen Sorten zu bestimmen, zu beschreiben und zusammenzutragen:

Hanne, Henni, Celia und Susi mit ihren prachtvollen Privatgärten.

Anne und Sabine, die im Oderbruch eine Gärtnerei betreiben.
Nicht zertifiziert, aber dennoch hundert Prozent bio!
philippsberg.de/garten

Nadja, die den besten Tomaten-Instagram-Account und den schönsten youtubechannel gestaltet, den ich kenne.
@die Eifeltomate

Anna, frisch verheiratet mit ihrem Biobauern. Man findet sie wöchentlich auf den Gemüsemärkten in und um Flensburg.
gemuesegondesen.de

# KAT MENSCHIK

HAT WOCHENLANG TOMATEN GESTREICHELT, GEERNTET, GESCHNIBBELT, GETROCKNET, EINGEKOCHT, EINGELEGT, GEGESSEN, SAMEN GESAMMELT, GEZEICHNET, BESCHRIEBEN. DER NÄCHSTE WINTER KANN KOMMEN!

Seit sie das nicht mehr macht, widmet sie sich wieder ihren anderen Projekten. Kat Menschik ist freie Illustratorin und gestaltet bei Galiani ihre eigene Buchreihe: Lieblingsbücher. Dort erschienen u. a. die Bestseller „Kat Menschiks und des Diplom-Biologen Doctor Rerum Medicinalium Mark Beneckes Illustrirtes Thierleben" (2020), Volker Kutschers „Moabit" (2017) und „Mitte" (2021). Ihr Gartenbuch „Der goldene Grubber" (2014) wurde zum Longseller, weil das Gärtnern mit dem Buch glücklich macht.

# BISHER IN DER REIHE DER LIEBLINGSBÜCHER ERSCHIENEN

Aus Verantwortung für die Umwelt hat sich der Verlag Galiani Berlin zu einer nachhaltigen Buchproduktion verpflichtet. Der bewusste Umgang mit unseren Ressourcen, der Schutz unseres Klimas und der Natur gehören zu unseren obersten Unternehmenszielen. Gemeinsam mit unseren Partnern und Lieferanten setzen wir uns für eine klimaneutrale Buchproduktion ein, die den Erwerb von Klimazertifikaten zur Kompensation des $CO_2$-Ausstoßes einschließt.

Weitere Informationen finden Sie unter www.klimaneutralerverlag.de

1. Auflage 2022

Verlag Galiani Berlin

Illustrationen und Umschlaggestaltung: Kat Menschik
Druck und Bindung: Eberl & Kœsel Fine Prints
ISBN 978-3-86971-257-4

Weitere Informationen zu unserem Programm finden Sie unter www.galiani.de